Elke Faino

Schöne Strohsterne

einfach
und dekorativ

CHRISTOPHORUS
BRUNNEN-REIHE

SEIT MEHR ALS 30 JAHREN STEHT DER NAME „CHRISTOPHORUS“ FÜR KREATIVES UND KÜNSTLERISCHES GESTALTEN IN FREIZEIT UND BERUF. GENAUSO WIE DIESER BAND DER BRUNNEN-REIHE IST JEDES CHRISTOPHORUS-BUCH MIT VIEL SORGFALT ERARBEITET: DAMIT SIE SPASS UND ERFOLG BEIM GESTALTEN HABEN – UND FREUDE AN SCHÖNEN ERGEBNISSEN.

ISBN 3-419-55915-1

Styling und Fotos: Roland Krieg
Umschlaggestaltung: Network!, München
Produktion: Print Production, Umkirch
Druck: Freiburger Graphische Betriebe, 1997

CHRISTOPHORUS
Bücher mit Ideen

Inhalt

Schöne Strohsterne

Strohsterne sind Weihnachtsschmuck aus natürlichem Material. Die Kunst, aus Stroh schöne Kreationen zu schaffen, ist uralt und eröffnet immer wieder Spielraum für neue Ideen. Die Vielfalt der Gestaltungsmöglichkeiten ist dabei unerschöpflich.
Das Material ist schlicht und einfach, der fertige Stern ein Schmuckstück. Strohsterne eignen sich als Weihnachtsschmuck auf dem Tisch, auf einem Wandbehang, in einem Tannenstrauß oder an einem Zweig.
Die Sterne, die ich Ihnen in diesem Buch vorstelle, sind nach einer einfachen Methode gefertigt, die es auch jedem Anfänger ermöglicht, schöne Strohsterne zu basteln und neue Entwürfe zu entwickeln. Der Phantasie sind hier keine Grenzen gesetzt!

Viel Freude beim Gestalten wünscht Ihnen

So geht's

Das Material

Die Sterne werden aus naturfarbenen, ungebleichten Strohhalmen gefertigt, die im Hobby-Fachhandel erhältlich sind.

Die Hilfsmittel

◆ Zum Ausschneiden der einzelnen Teile für die Sterne dienen, eine scharfe, besonders gut schneidende Schere und ein Bastelmesser (Cutter).
◆ Transparentpapier wird zum Anfertigen von Schablonen und zum Zusammenkleben der einzelnen Sternelemente benötigt.
◆ Ein Holzbrett eignet sich sehr gut als Arbeitsplatte.
◆ Zum Kleben der Sterne verwendet man am besten Klebstoff in einer Flasche mit spitzem Auslaufröhrchen.
◆ Klebereste und Bleistiftkonturen lassen sich mit Cremelotion wegpolieren.

Vorbereitende Arbeiten

❶ Halme von gleicher Stärke auswählen, der Länge nach mit einem Bastelmesser spalten und einige Stunden in warmem Wasser einweichen.

❷ Halme entlang der Schnittlänge aufbügeln und fugenlos parallel nebeneinander auf ein DIN A4 Transparentpapier aufkleben.
Strohfläche vor dem Zuschneiden trocknen lassen. Von dieser Strohfläche werden die Teile für die Sterne ausgeschnitten.

❸ Da sich das Stroh leicht wölbt, wird es vor dem endgültigen Verarbeiten (und auch nach der Fertigstellung) mit einem schweren Gegenstand gepresst.

Schablonen anfertigen

Von den einzelnen Teilen eines Sterns Schablonen anfertigen. Dazu die benötigten Teile auf Transparentpapier abpausen und ausschneiden.

Vorlage kopieren

Die Zeichnung des zu bastelnden Sterns vom Vorlagenbogen abpausen. Diese Zeichnung dient beim Zusammensetzen der Sternteile als Orientierungsunterlage. Wer will, kann statt dessen auch die Zeichnung auf dem Vorlagenbogen als Arbeitsunterlage verwenden.

Strohstreifen zurechtschneiden

Von der vorbereiteten Strohfläche werden Streifen für die jeweiligen Sternstrahlen zurechtgeschnitten. Das Maß dieser Strohstreifen sollte die endgültige Länge der Sternteile um etwa 0,5 cm überschreiten. Die Maßzugabe ist im folgenden bei den Angaben zu den einzelnen Sternen berücksichtigt.

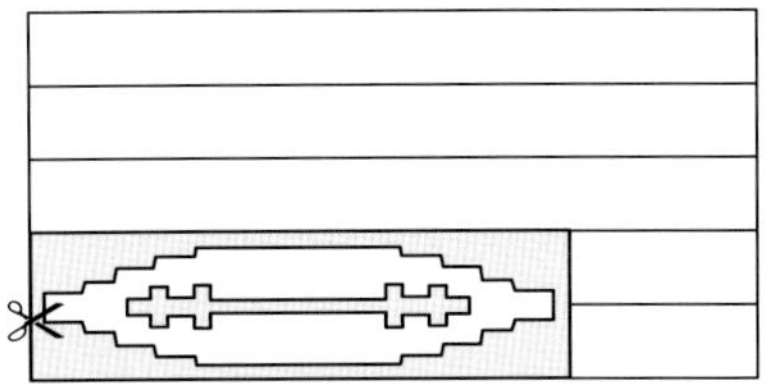

Konturen übertragen

❶ Die Schablone auf die vorbereiteten Strohstreifen legen. Mit Bleistift die Eckpunkte markieren und die Linien übertragen.

❷ Dabei ist es hilfreich, mit dem Zirkel die Markierungen für das Einschneiden sowie das Aufzeichnen der Halmlängen vorzunehmen. Mit einem Lineal können Abstände überprüft werden.

Sternstrahlen ausschneiden

❶ Die Außenkonturen mit einer feinen Schere ausschneiden.

❷ Die Innenkonturen mit einem Bastelmesser in Druckschnitten vorsichtig ausheben.

Sterne zusammenkleben

❶ Auf die Kopie der Vorlagenzeichnung ein kreisförmiges Transparentpapier legen.

❷ Die einzelnen Sternelemente um die Mitte anordnen und fugenlos aneinander auf das Transparentpapier kleben.

❸ Je nach Modell von der Rückseite her noch zusätzlich Strahlen in die Zwischenräume kleben, einen Innenstern (s. Seite 6) in der Mitte des Sterns aufkleben oder andere Verzierungen anbringen.

Aufbewahrung

Die fertigen Sterne können gut in einem Fotoalbum mit selbstklebenden Klarsichtfolien aufbewahrt werden.

Einfacher Innenstern

Material
- **Strohabschnitte (3,5 cm lang, 1,5 cm breit)**
- **Transparentpapierkreis (3,5 cm ∅)**

Hilfsmittel
- **Bleistift**
- **Lineal**
- **Zirkel**
- **Bastelmesser**
- **Schere**
- **Klebstoff**
- **Transparentpapier**

Vorlage
1e

◆ Viele Sterne in diesem Buch sind nach der Methode des einfachen Innensterns gearbeitet. Anhand des Innensterns 1e wird daher im folgenden das Grundprinzip für das Anfertigen und Zusammenfügen einzelner Sternteile erklärt.

◆ Bei einigen der folgenden Sterne werden ein oder mehrere Innensterne verwendet. Alle Innensterne von Stern 1a bis 1f sind nach derselben Methode gearbeitet. Sie unterscheiden sich nur in der Größe und Anzahl der Strahlen. Bei den Anleitungen auf den folgenden Seiten wird nur die Bezeichnung des benötigten Innensterns angegeben, der jeweilige Stern kann dann mit Hilfe der Vorlagenzeichnung nach der hier vorgestellten Technik angefertigt werden.

Innenstern (1e)

❶ Mit dem Bastelmesser aus einer vorbereiteten Strohfläche acht Streifen von etwa 1,5 cm Breite und 3,5 cm Länge ausschneiden.

❷ Innenstern 1e vom Vorlagenbogen auf Transparentpapier durchpausen oder die Zeichnung auf dem Vorlagenbogen als Arbeitsunterlage verwenden.

❸ Zusätzlich einen einzelnen Sternstrahl von Stern 1e auf Transparentpapier durchpausen und ausschneiden. Diese Rautenform wird als Schablone verwendet.

❹ Schablone auf einen Strohabschnitt legen. Eckpunkte und Seitenlinien mit Bleistift auf die Strohfläche übertragen.

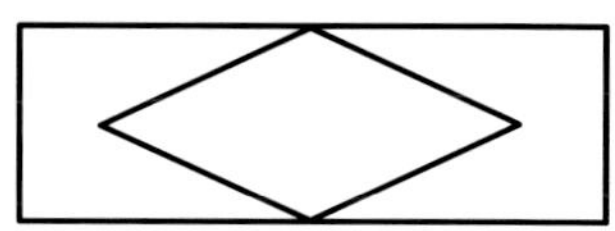

❺ Rautenform ebenso auf die anderen vorbereiteten Strohabschnitte übertragen.

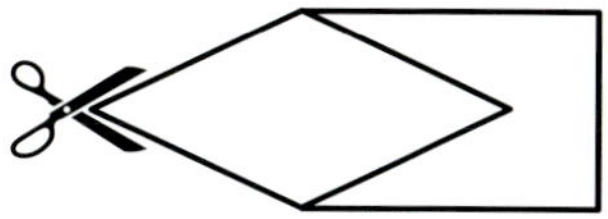

❻ Bei allen acht Sternstrahlen mit einer Schere eine der Spitzen zuschneiden.

❼ Auf die Vorlagenzeichnung ein Transparentpapier von 3,5 cm Durchmesser legen.

❽ Die Innenspitzen der Rauten um den Mittelpunkt der Vorlagenzeichnung anordnen und nacheinander fugenlos auf das Transparentpapier kleben.

❾ Zirkelspitze im Mittelpunkt des Sterns einstechen und von einer der äußeren Sternspitzen ausgehend einen Kreis über alle Sternspitzen zeichnen.

❿ Prüfen, ob alle äußeren Spitzen den gleichen Abstand zum Mittelpunkt haben. Eventuell Korrekturen vornehmen.

⓫ Äußere Sternstrahlen zuschneiden.

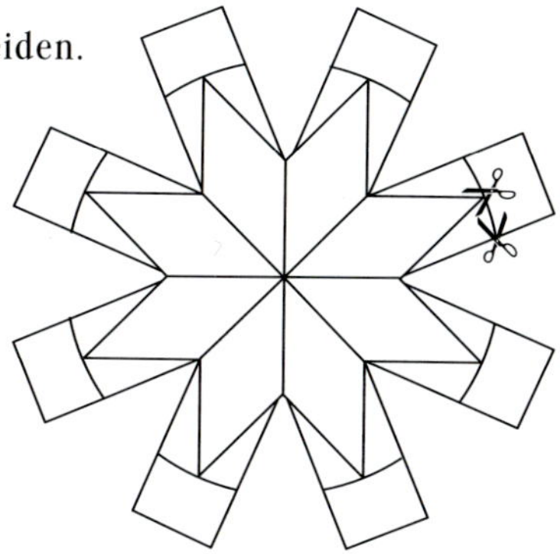

Schneeflocken

Material

Stern 2a:

- **Innenstern 1b**
- **6 Halme (5 cm lang, 0,3 cm breit)**
- **30 Hälmchen (1,5 cm lang, 0,3 cm breit)**

Stern 2b:

- **4 Halme (7,5 cm lang, 0,3 cm breit)**
- **32 Hälmchen (2 cm lang, 0,3 cm breit)**

Hilfsmittel

- **Bleistift**
- **Lineal**
- **Zirkel**
- **Bastelmesser**
- **Schere**
- **Klebstoff**
- **Transparentpapier**

Vorlagen

1b

2a,b

Stern 2a

❶ Innenstern 1b nach der Vorlage anfertigen.

❷ Sechs Halme von 5 cm Länge und 0,3 cm Breite zuschneiden und jeweils von hinten in die Zwischenräume der Innensternspitzen kleben.

❸ Auf jeden dieser Sternstrahlen von hinten ein kleines Hälmchen (1,5 cm lang, 0,3 cm breit) nach Vorlage quer ankleben und schräg zuschneiden.

❹ Pro Halm jeweils weitere vier kleine Hälmchen der Vorlage entsprechend von hinten seitlich an die Sternstrahlen kleben und schräg zuschneiden.

Stern 2b

❶ Vier Halme von 7,5 cm Länge und 0,3 cm Breite über Kreuz zu einem achtstrahligen Stern zusammenkleben.

❷ Jeweils vier kleine Hälmchen (2 cm lang, 0,3 cm breit) nach der Vorlage von der Rückseite her an die Sternstrahlen kleben.

❸ An den Seiten schräg zuschneiden, so daß die Hälmchen zum Stern hin kürzer werden.

Fünfstern

Material

- 5 Innensterne 1d
- 2 Halme (10,5 cm lang, 1,5 cm breit)
- 12 Halme (4,5 cm lang, 0,5 cm breit)

Hilfsmittel

- Bleistift
- Lineal
- Zirkel
- Bastelmesser
- Schere
- Klebstoff
- Transparentpapier

Vorlagen

1d
3

Stern 3

❶ Fünf Innensterne 1d nach Vorlage anfertigen.

❷ Zwei breite Halme (10,5 cm lang, 1,5 cm breit) über Kreuz zusammenkleben.

❸ Die Innensterne an den Enden der Halme und in der Mitte aufkleben.

❹ In die Zwischenräume zwischen die breiten Halme von hinten jeweils drei schmale Halme von etwa 4,5 cm Länge und 0,5 cm Breite ankleben.

❺ Die schmalen Halme nach Belieben noch etwas kürzen, so daß der mittlere Strahl jeweils etwas länger ist als die beiden seitlichen Strahlen.

Polarstern

Stern 4

❶ Vier 8 cm lange und 0,5 cm breite Halme sternförmig übereinander zusammenkleben.

❷ Von einer der Sternspitzen durch Abpausen eine Schablone anfertigen. Die Schablone so halbieren, daß zwei Dreiecke entstehen.

❸ Mit Hilfe der Schablonen 16 Dreiecke so aus der Strohfläche ausschneiden, daß die Strohfasern quer zum Sternstrahl verlaufen.

❹ Jeweils zwei der Dreiecke auf Transparentpapier zu einer Sternspitze zusammenkleben. Überstehendes Papier abschneiden.

❺ Vier der Sternspitzen etwas weiter außen und vier Spitzen etwas weiter innen auf die Strahlen kleben.

Material

- **4 Halme (8 cm lang, 0,5 cm breit)**
- **16 Dreiecke nach Vorlage**

Hilfsmittel

- **Bleistift**
- **Lineal**
- **Zirkel**
- **Bastelmesser**
- **Schere**
- **Klebstoff**
- **Transparentpapier**

Vorlage

4

Mosaikstern

Stern 5

Material

- **24 Strohstreifen (3 cm lang, 1,5 cm breit)**
- **Transparentpapierkreis (8 cm ∅)**
- **48 Halme (10 cm lang, 3 – 4 mm breit)**

Hilfsmittel

- **Bleistift**
- **Lineal**
- **Zirkel**
- **Bastelmesser**
- **Schere**
- **Klebstoff**
- **Transparentpapier**

Vorlage

5

❶ Den Mosaikstern von der Vorlage abpausen oder Vorlagenbogen als Arbeitsunterlage verwenden.

❷ Für die Rauten des Innensterns eine Schablone anfertigen.

❸ Die Schablone auf die vorbereiteten Strohstreifen von 3 cm Länge und 1,5 cm Breite legen. Die Rautenform aufzeichnen und ausschneiden.

❹ Insgesamt 24 Rauten nach der Schablone anfertigen. Dabei auf den Faserverlauf achten!

❺ Transparentpapier (8 cm ∅) auf die Zeichnung des Sterns legen und zunächst sechs Rauten für den Innenstern der Vorlage entsprechend aufkleben.

❻ Alle weiteren Rauten als Mosaik anfügen. Überstehendes Transparentpapier abschneiden.

❼ Außenstrahlen auf die Rückseite kleben und so zuschneiden, daß die Strahlen zu den Seiten hin kürzer werden.

Kristalle

Material

Stern 6a:

- **Innenstern 1c**
- **7 Halme (5 cm lang, 0,5 cm breit)**
- **7 Halme (5 cm lang, 0,3 cm breit)**
- **21 Hälmchen (2 cm lang, 0,3 cm breit)**

Stern 6b:

- **Innenstern 1d**
- **12 Halme (5 cm lang, 0,4 cm breit)**
- **18 Hälmchen (2 cm lang, 0,3 cm breit)**
- **24 schräge Abschnitte nach Vorlage**

Vorlagen

1c,d

6a,b

Stern 6a

1. Innenstern 1c nach Vorlage anfertigen.

2. Sieben Halme von 5 cm Länge und 0,5 cm Breite zuschneiden und von der Rückseite her zwischen die Spitzen des Innensterns kleben.

3. Mit dem Zirkel die seitlichen Einkerbungen markieren und schräg einschneiden. Den Zwischenraum mit dem Bastelmesser ausheben.

4. Die Markierungen für die Spitze ebenfalls mit Hilfe eines Zirkels vornehmen, Einschnitte der Vorlage entsprechend einzeichnen und ausschneiden.

5. Sieben Halme von 5 cm Länge und etwa 3 mm Breite zuschneiden und jeweils von hinten an die Spitzen des Innensterns kleben.

6. An jeden dieser Halme jeweils drei Hälmchen (2 cm lang, 0,3 cm breit) von hinten quer aufkleben und so zuschneiden, daß die Hälmchen zum Sterninneren hin kürzer werden.

Stern 6b

1. Innenstern 1d nach Vorlage anfertigen.

2. Auf der Rückseite zwölf Halme von 5 cm Länge und 0,4 cm Breite im Wechsel hinter die Spitzen und in die Zwischenräume des Innensterns kleben. Spitzen mit dem Zirkel kennzeichnen und gleichmäßig zurechtschneiden.

3. Nach der Vorlage 24 rautenförmige Abschnitte anfertigen. Dabei auf den Verlauf der Faserrichtung achten.

4. Jeweils vier Abschnitte der Vorlage gemäß auf die Halme kleben, die in die Zwischenräume der Strahlen des Innensterns geklebt sind.

5. Die Halme, die hinter die Sternspitzen geklebt sind, mit kleinen 2 cm langen und 3 mm breiten Hälmchen verzieren. Dazu jeweils vier Hälmchen schräg und ein Hälmchen quer zum Sternstrahl aufkleben. Hälmchen zum Schluß schräg abschneiden.

Eisssterne

Material

Stern 7a:

- **Innenstern 1b**
- **2 Halme (9,5 cm lang, 2 cm breit)**
- **4 Strahlen (9,5 cm lang, 0,5 cm breit)**

Stern 7b:

- **Innenstern 1b**
- **2 Halme (7,5 cm lang, 2 cm breit)**
- **8 Strahlen (6 cm lang, 0,5 cm breit)**

Stern 7c:

- **2 Halme (9 cm lang, 2,5 cm breit)**
- **2 Strahlen (11 cm lang, 0,5 cm breit)**

Vorlagen

1b

7a,b,c

Stern 7a

❶ Von der Vorlage durch Abpausen eine Schablone für die breiten Halme anfertigen.

❷ Schablone auf Strohabschnitt von 9,5 cm Länge und 2 cm Breite legen. Außenkonturen übertragen und ausschneiden.

❸ Innenkonturen übertragen, mit dem Bastelmesser einkerben und ausheben.

❹ Vorgang wiederholen und beide Halme auf gleiche Abstände überprüfen.

❺ Die beiden breiten Halme über Kreuz zusammenkleben.

❻ In die Zwischenräume von hinten her jeweils zwei Strahlen von 9,5 cm Länge und 0,5 cm Breite so einkleben, daß sie sich auf der Rückseite des Sterns überkreuzen. Die Spitzen zuschneiden.

❼ Innenstern 1b der Vorlage entsprechend anfertigen und auf die Mitte des Sterns kleben.

Stern 7b

❶ Die breiten Halme nach der Arbeitsweise von Stern 7a anfertigen und über Kreuz zusammenkleben.

❷ Jeweils zwei Strahlen (6,5 cm lang und 0,5 cm breit) von der Rückseite her zwischen die Traghalme kleben, und die Spitzen nach der Vorlage zuschneiden.

❸ Innenstern 1b anfertigen. Falls nötig, Sternspitzen etwas kürzen und Innenstern in der Mitte aufkleben.

Stern 7c

❶ Die breiten Halme nach der gleichen Methode wie bei Stern 7a anfertigen und miteinander verbinden.

❷ Zwei Strahlen (11 cm lang, 0,5 cm breit) von hinten über Kreuz ankleben und Spitzen zuschneiden.

Sterntaler

Stern 8a

❶ Von der Vorlage durch Abpausen eine Schablone für die breiten Halme anfertigen.

❷ Schablone auf Strohabschnitt von 10 cm Länge und 2 cm Breite legen. Außenkonturen übertragen und ausschneiden.

❸ Innenkonturen übertragen, mit dem Bastelmesser einkerben und ausheben.

❹ Vorgang zweimal wiederholen und alle drei Halme auf gleiche Abstände überprüfen.

❺ Die Halme so übereinanderkleben, daß ein sechszackiger Stern entsteht.

❻ In die Zwischenräume von der Rückseite her jeweils einen Strahl von 5 cm Länge und 0,5 cm Breite einfügen und Spitzen nach Vorlage zuschneiden.

❼ Innenstern 1d der Vorlage entsprechend anfertigen und auf die Mitte des Sterns kleben.

Stern 8b

❶ Von der Vorlage jeweils eine Schablone für die breiten und für die schmäleren Halme anfertigen.

❷ Mit Hilfe der Schablone wie bei Stern 8a beschrieben jeweils zwei breitere und zwei schmälere Halme mit Einkerbungen anfertigen.

❸ Die breiten Halme über Kreuz kleben und von der Rückseite her die schmäleren Halme ebenfalls über Kreuz hinzufügen.

❹ Innenstern 1d nach der Vorlage anfertigen und in der Mitte auf den obersten Halm kleben.

Stern 8c

❶ Für die verschiedenen Halme drei Schablonen nach Vorlage anfertigen.

❷ Die Halme nach der gleichen Methode wie bei Stern 8a anfertigen und über Kreuz zusammenkleben.

Material

Stern 8a:
- **Innenstern 1d**
- **3 Halme (10 cm lang, 2 cm breit)**
- **6 Strahlen (5 cm lang, 0,5 c breit)**

Stern 8b:
- **Innenstern 1d**
- **2 Halme (10 cm lang, 2 cm breit)**
- **2 Halme (10 cm lang, 1,5 cm breit)**

Stern 8c:
- **2 Halme (10,5 cm lang, 1,5 cm breit)**
- **2 Halme (10,5 cm lang, 2 cm breit)**

Vorlagen

1d

8a,b,c

Wintersterne

Material

Stern 9a:
- **8 Halme (5 cm lang, 0,5 cm breit)**
- **8 Halme (3 cm lang, 0,5 cm breit)**
- **Transparentpapier (3 cm ∅)**

Stern 9b:
- **6 Halme (4,5 cm lang, 0,5 cm breit)**
- **6 Halme (4 cm lang, 0,5 cm breit)**
- **Transparentpapier (3 cm ∅)**

Hilfsmittel
- **Bleistift**
- **Lineal**
- **Zirkel**
- **Bastelmesser**
- **Schere**
- **Klebstoff**
- **Transparentpapier**

Vorlagen

9a,b

Stern 9a

❶ Vom Stern nach Vorlage eine Kopie anfertigen oder die Vorlagenzeichnung als Arbeitsunterlage verwenden. Für die längeren und die kürzeren Strahlen jeweils eine Schablone anfertigen.

❷ Jeweils acht Halme von 5 cm Länge und 0,5 cm Breite und acht Halme von 3 cm Länge und 0,5 cm Breite zurechtschneiden.

❸ Mit Hilfe der Schablone die Konturen der längeren Strahlen auf die langen Halme übertragen.
Die Konturen der kürzeren Strahlen auf die kürzeren Halme übertragen.

❹ Bei allen Strahlen die Innenspitzen zuschneiden.

❺ Einen Transparentpapierkreis (3 cm ∅) auf die Vorlage legen und die acht langen Halme mit den Innenspitzen um die Mitte der Zeichnung anordnen. Die kleineren Strahlen in die Zwischenräume einfügen. Alle Strahlen aufkleben.

❻ Bei allen Strahlen mit Hilfe eines Zirkels von der Mitte aus die Maße der Spitzen prüfen und gegebenenfalls korrigieren.

❼ Äußere Strahlenspitzen zuschneiden.

Stern 9b

❶ Den Stern von der Vorlage abpausen bzw. Vorlagenzeichnung als Unterlage zur Orientierung verwenden. Für die längeren und die kürzeren Strahlen von der Vorlage eine Schablone anfertigen.

❷ Jeweils sechs Halme von 4,5 cm Länge und 0,5 cm Breite und sechs Halme von 4 cm Länge und 0,5 cm Breite anfertigen.

❸ Die Konturen der Strahlen mit Hilfe einer Schablone auf die Halme übertragen und die Sterninnenspitzen zuschneiden.

❹ Einen Transparentpapierkreis (3 cm ∅) auf die Sternzeichnung legen. Zunächst die längeren Sternstrahlen um die Mitte anordnen, dann die kleineren Strahlen in die Zwischenräume einfügen. Alle Strahlen aufkleben.

❺ Mit dem Zirkel die Einkerbungen und Längen der Spitzen prüfen. Gegebenenfalls korrigieren. Einkerbungen ausschneiden und Spitzen zuschneiden.

Adventsstern

Stern 10

Material
- **Innenstern 1e**
- **Strahlen (12 cm lang, 0,3 cm breit)**
- **Strahlen (2 cm lang, 0,3 cm breit)**
- **Transparentpapierkreis (3 cm ∅)**

Hilfsmittel
- **Bleistift**
- **Lineal**
- **Zirkel**
- **Bastelmesser**
- **Schere**
- **Klebstoff**
- **Transparentpapier**

Vorlagen
1e
10

❶ Etwa 40 Strahlen von 12 cm Länge und 3 mm Breite zurechtschneiden. (Diese Strahlen können auch von Strohhalmen geschnitten werden, die nicht auf eine Transparentpapierfläche geklebt wurden.)

❷ An einem Ende der Strahlen lange, schmale Innenspitzen zuschneiden.

❸ Strahlenspitzen um den Mittelpunkt des Transparentpapierkreises kleben. In die Zwischenräume weitere Strahlen einfügen. Insgesamt so viele Strahlen einfügen, daß der Kreis gefüllt ist und die Strahlen dicht nebeneinander verlaufen.

❹ Strahlenspitzen nach Vorlage zuschneiden.

❺ Innenstern 1e anfertigen und als Mittelpunkt aufkleben.

❻ Auf die langen Strahlen kleine Sternchen kleben. Dazu jeweils drei 2 cm lange Strahlen zu einem sechsstrahligen Stern übereinanderkleben und Spitzen zuschneiden. Die kleinen Sternchen kreisförmig auf die langen Strahlen kleben, so daß ein innerer und ein äußerer Kreis mit Sternchen auf dem großen Stern entsteht.

Material

Stern 11a:

- **6 Halme (5,5 cm lang, 0,5 cm breit)**
- **6 Halme (3 cm lang, 0,5 cm breit)**
- **12 Halme (3 cm lang, 0,3 cm breit**
- **Transparentpapierkreis (2 cm ∅)**

Stern 11b:

- **Innenstern 1f**
- **Transparentpapierkreis (2 cm ∅; 2,5 cm ∅)**
- **8 Halme (5 cm lang, 0,5 cm breit)**
- **8 Halme (2 cm lang, 0,5 cm breit)**
- **16 Halme (2,5 cm lang, 0,3 cm breit)**

Krippensterne

Stern 11a

❶ Vom Vorlagenbogen durch Abpausen eine Kopie des Sterns anfertigen oder Vorlagenzeichnung als Arbeitsunterlage verwenden.

❷ Für den inneren Teil des Sterns jeweils sechs Halme von 5,5 cm Länge und 0,5 cm Breite sowie sechs Halme von 3 cm Länge und 0,5 cm Breite zuschneiden.

❸ Von den inneren Sternstrahlen nach der Vorlagenzeichnung jeweils eine Schablone für den längeren und den kürzeren Strahl anfertigen.

❹ Konturen der Strahlen mit Hilfe der Schablone auf die vorbereiteten Halme übertragen und bei allen Strahlen die Innenspitzen zuschneiden.

❺ Transparentpapier (2 cm ∅) auf Sternzeichnung legen. Innenspitzen der langen Strahlen zusammenfügen und kurze Strahlen in die Zwischenräume einfügen. Alle Strahlen aufkleben.

❻ Maße der Spitzen mit dem Zirkel prüfen und eventuell die Längen korrigieren. Spitzen zuschneiden.

❼ Zwischen den langen Strahlen jeweils seitlich zwei etwa 3 cm lange und 0,3 cm breite Halme einfügen. Diese Halme an den Enden schräg abschneiden und von hinten schräg von beiden Seiten an die langen Traghalme kleben. Die aufeinandertreffenden Halmspitzen mit Transparentpapier unterkleben. Überstehendes Papier abschneiden.

Stern 11b

Stern 11b wird nach derselben Methode angefertigt wie Stern 11a. Zusätzlich noch einen Innenstern (nach Vorlage 1f) in der Mitte aufkleben.

Hilfsmittel

- **Bleistift**
- **Lineal**
- **Zirkel**
- **Bastelmesser**
- **Schere**
- **Klebstoff**
- **Transparent-papier**

Vorlagen

1f

11a,b

Netzstern

Stern 12

Material
- **3 Halme (8 cm lang, 0,5 cm breit)**
- **48 Hälmchen (2,5 cm lang, 0,2 cm breit)**

Hilfsmittel
- **Bleistift**
- **Lineal**
- **Zirkel**
- **Bastelmesser**
- **Schere**
- **Klebstoff**
- **Transparent-papier**

Vorlage
12

❶ Drei breite Traghalme von 8 cm Länge und 0,5 cm Breite in der Mitte übereinanderkleben, so daß ein sechsstrahliger Stern entsteht.

❷ Außenspitzen der breiten Traghalme nach der Vorlage zurechtschneiden.

❸ An den äußeren Enden der Traghalme von der Rückseite her je zwei Hälmchen (2,5 cm lang, 0,2 cm breit) von Traghalmmitte zu Traghalmmitte schräg aufkleben. Die Enden dieser Hälmchen schräg abschneiden und jeweils zwei aufeinandertreffende Hälmchen mit Hilfe von Transparentpapier zu einer Sternspitze zusammenfügen.

❹ Für das Netzwerk nach Vorlage jeweils drei Hälmchen (2,5 cm lang, 0,2 cm breit) vom Mittelpunkt der Traghalme zur Außenkante der Endspitzen über Kreuz miteinander verbinden.

Material

- 5 Innensterne 1a
- Transparentpapierkreis (5 cm ∅)
- 5 Halme (9 cm lang, 1,5 cm breit)
- 5 Strohabschnitte (4 cm lang, 1,5 cm breit)
- 10 Halme (6 cm lang, 0,5 cm breit)
- 90 Hälmchen (2,5 cm lang, 0,2 cm breit)

Hilfsmittel

- Bleistift
- Lineal
- Zirkel
- Bastelmesser
- Schere
- Klebstoff
- Transparentpapier

Vorlagen

1a
13

Weihnachtsstern

Stern 13

❶ Fünf Halme von 9 cm Länge und 1,5 cm Breite zurechtschneiden und nach Vorlage jeweils die Innenspitzen zuschneiden.

❷ Eine Schablone für die Rauten in der Sternmitte anfertigen. Konturen der Rauten mit Hilfe der Schablone auf Strohabschnitte von 4 cm Länge und 1,5 cm Breite übertragen. Die Innenspitzen zuschneiden.

❸ Den Transparentpapierkreis (5 cm ∅) auf die Vorlagenzeichnung legen. Die Innenspitzen der Halme und Rauten der Zeichnung entsprechend im Wechsel um die Mitte anordnen und fugenlos aufkleben.

❸ Äußere Spitzen der Rauten mit dem Zirkel markieren und zuschneiden.

❹ Für die Sternspitzen über den Rauten nach Vorlage jeweils zwei Halme (6 cm lang, 0,5 cm breit) von Traghalmmitte zu Traghalmmitte von der Rückseite her ankleben. Die Halme an den äußeren Enden schräg zuschneiden und zu Spitzen miteinander verbinden. Dazu die aufeinandertreffenden Halmspitzen mit Transparentpapier unterkleben. Überstehendes Papier abschneiden.

❺ Zum Schluß fünfmal den Innenstern 1a anfertigen, von der Rückseite her mit kleinen Hälmchen verzieren und auf die Enden der großen Traghalme aufkleben.

Neben dieser Auswahl aus der Brunnen-Reihe haben wir noch viele andere Bücher im Programm. Wir informieren Sie gerne - fordern Sie einfach unsere neuen Prospekte an:

- <u>Bücher für Ihre Kinder:</u> Basteln, Spielen und Lernen mit Kindern
- <u>Bücher für Ihre Hobbys:</u> Stoff und Seidenmalerei, Malen und Zeichnen, Keramik, Floristik
- <u>Bücher zum textilen Handarbeiten:</u> Sticken, Häkeln und Patchwork

Wir sind für Sie da, wenn Sie Fragen zu AutorInnen, Anleitungen oder Materialien haben. Und wir interessieren uns für Ihre eigenen Ideen und Anregungen. Faxen, schreiben Sie oder rufen Sie uns an. Wir hören gerne von Ihnen! Ihr Christophorus-Verlag

CHRISTOPHORUS
Bücher mit Ideen

Hermann-Herder-Str. 4 / 79104 Freiburg i. Breisgau

Tel: 0761/2717-268 oder Fax: 0761/2717-35